Jugar con el viento

Elizabeth Austen

Smithsonian

¡Sopla, viento, sopla!

¡Vuela, cometa, vuela!

¡Detente, viento, detente!

¡Cae, cometa, cae!

¡Sopla, viento, sopla!

¡Baja, cometa, baja!

¡Gira, cometa, gira!

¡Vuela, cometa, vuela!

DESAFÍO DE CTIAM

El problema

Tu trabajo es probar la dirección del viento. ¿Cómo puedes saber hacia dónde sopla el viento?

Los objetivos

- Construye un dispositivo para ver hacia dónde sopla el viento.
- Puedes hacerlo con los materiales que quieras.
- Debe moverse con facilidad en el viento.

Investiga y piensa ideas

Aprende sobre el viento.

Diseña y construye

Dibuja tu plan. ¡Construye tu dispositivo!

Prueba y mejora

Usa tu dispositivo para probar la dirección del viento. Luego, trata de mejorarlo.

Reflexiona y comparte

¿Qué aprendiste?

Asesoras

Amy Zoque
Coordinadora y asesora didáctica de CTIM
Escuela Vineyard de CTIM
Distrito Ontario Montclair

Siobhan Simmons
Escuela primaria Marblehead
Distrito Escolar Unificado Capistrano

Créditos de publicación

Rachelle Cracchiolo, M.S.Ed., *Editora comercial*
Conni Medina, M.A.Ed., *Redactora jefa*
Diana Kenney, M.A.Ed., NBCT, *Realizadora de la serie*
Emily R. Smith, M.A.Ed., *Directora de contenido*
Véronique Bos, *Directora creativa*
Robin Erickson, *Directora de arte*
Stephanie Bernard, *Editora asociada*
Caroline Gasca, M.S.Ed., *Editora superior*
Mindy Duits, *Diseñadora gráfica superior*
Walter Mladina, *Investigador de fotografía*
Smithsonian Science Education Center

Créditos de imágenes: todas las imágenes cortesía de iStock y/o Shutterstock.

Library of Congress Cataloging-in-Publication Data

Names: Austen, Elizabeth (Elizabeth Charlotte), author.
Title: Jugar con el viento / Elizabeth Austen, Smithsonian Institution.
Other titles: Playing with wind. Spanish
Description: Huntington Beach, CA : Teacher Created Materials, [2020] | Audience: Grades K-1
Identifiers: LCCN 2019041233 (print) | LCCN 2019041234 (ebook) | ISBN 9780743925495 (paperback) | ISBN 9780743925648 (ebook)
Subjects: LCSH: Winds--Juvenile literature. | Weather--Juvenile literature.
Classification: LCC QC931.4 .A9718 2020 (print) | LCC QC931.4 (ebook) | DDC 551.51/8--dc23

Smithsonian

Teacher Created Materials

5301 Oceanus Drive
Huntington Beach, CA 92649-1030
www.tcmpub.com
ISBN 978-0-7439-2549-5

Printed in China
51497